COURS

PROFESSÉS

A L'ÉCOLE DES MINES DE PARIS

PAR

M. J. CALLON

INSPECTEUR GÉNÉRAL DES MINES

DEUXIÈME PARTIE

COURS D'EXPLOITATION DES MINES

TOME DEUXIÈME

ATLAS

PARIS

DUNOD, ÉDITEUR

LIBRAIRE DES CORPS DES PONTS ET CHAUSSÉES ET DES MINES

49, QUAI DES AUGUSTINS, 49

1874

PARIS — IMP. SIMON RAÇON ET COMP., RUE D'ERFURTH, 1.

TABLE DES FIGURES

CONTENUES DANS LES PLANCHES

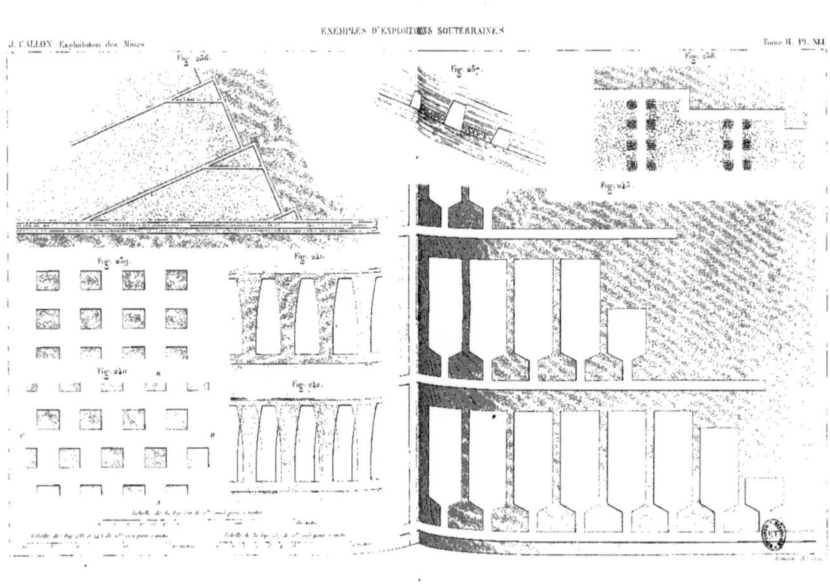
Fig. 236.
Fig. 237.
Fig. 238.
Fig. 239.
Fig. 240.
Fig. 241.
Fig. 242.
Fig. 243.

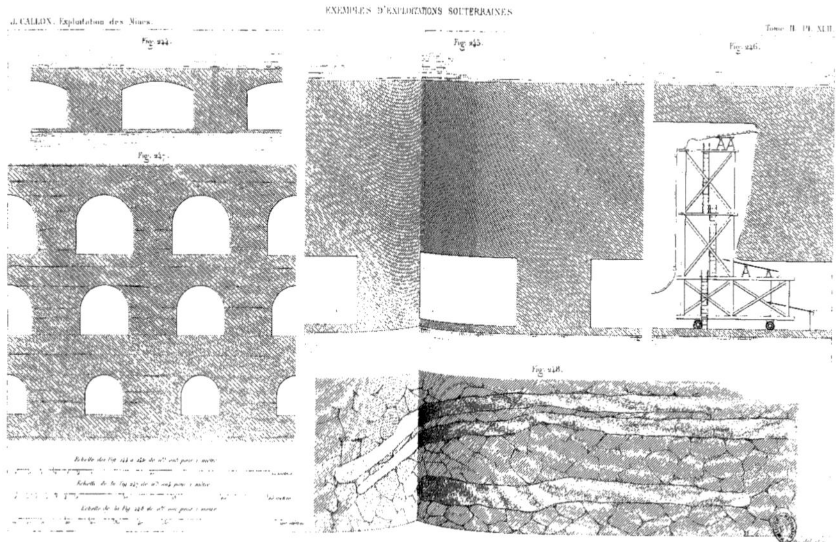

Fig. 244.

Fig. 245.

Fig. 246.

Fig. 247.

Fig. 248.

Échelle des fig. 244 et 246 de m² sont pour 1 mètre.

Échelle de la fig. 245 de m² sont pour 1 mètre.

Échelle de la fig. 248 de m² sont pour 1 mètre.

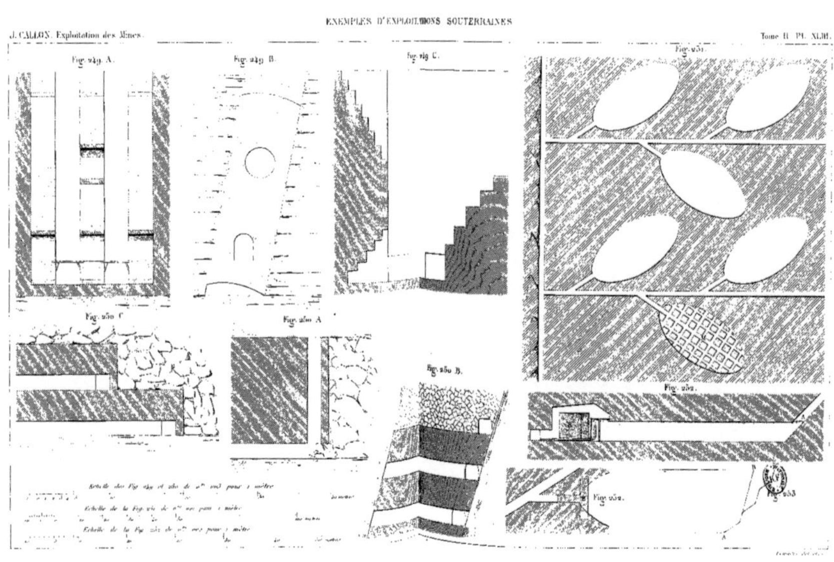
Fig. 249 A.
Fig. 249 B.
Fig. 249 C.
Fig. 251.
Fig. 250 C.
Fig. 250 A.
Fig. 250 B.
Fig. 252.
Fig. 253.

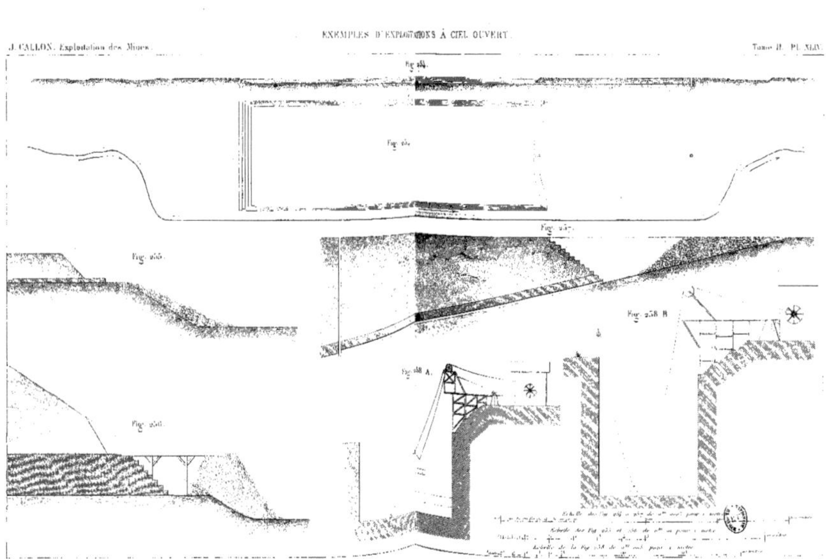

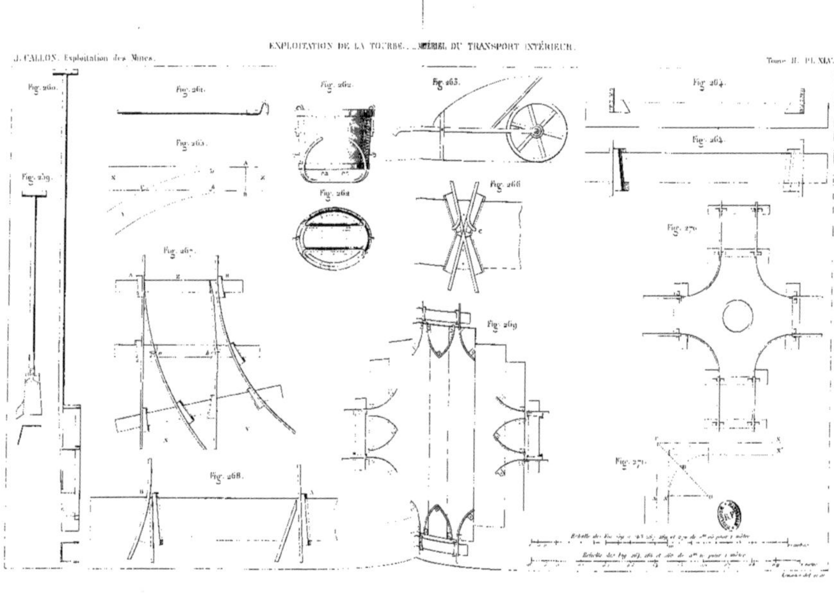

Fig. 260.
Fig. 261.
Fig. 262.
Fig. 263.
Fig. 264.
Fig. 259.
Fig. 265.
Fig. 264.
Fig. 262a.
Fig. 266.
Fig. 270.
Fig. 267.
Fig. 269.
Fig. 268.
Fig. 271.

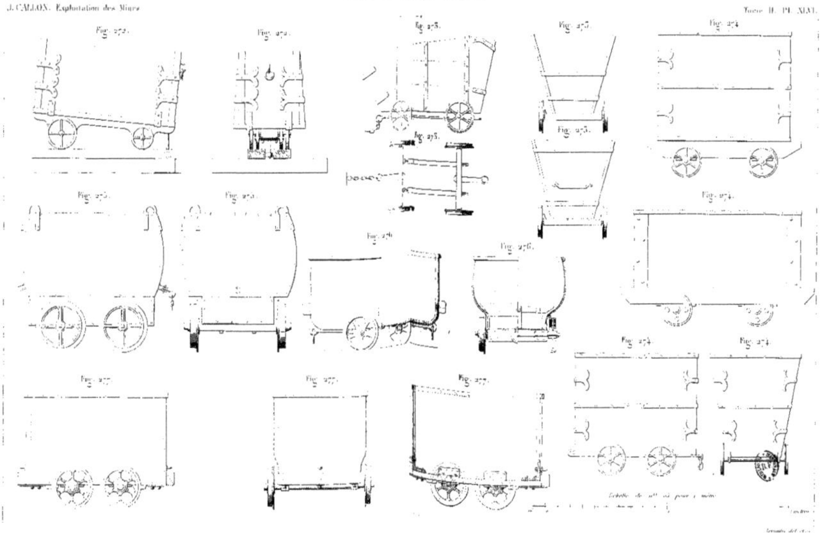

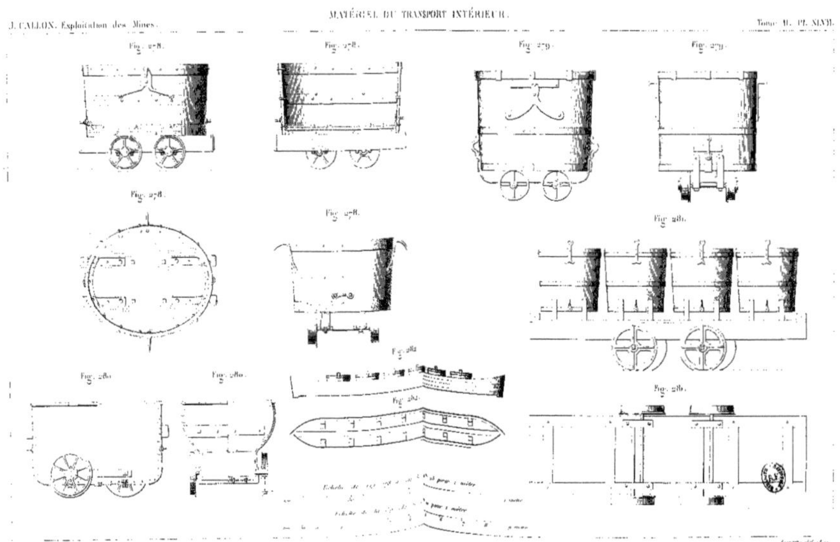

Fig. 278.
Fig. 278.
Fig. 279.
Fig. 279.
Fig. 278.
Fig. 278.
Fig. 280.
Fig. 280.
Fig. 280.
Fig. 282.
Fig. 281.
Fig. 282.

MATÉRIEL DE TRANSPORT INTÉRIEUR

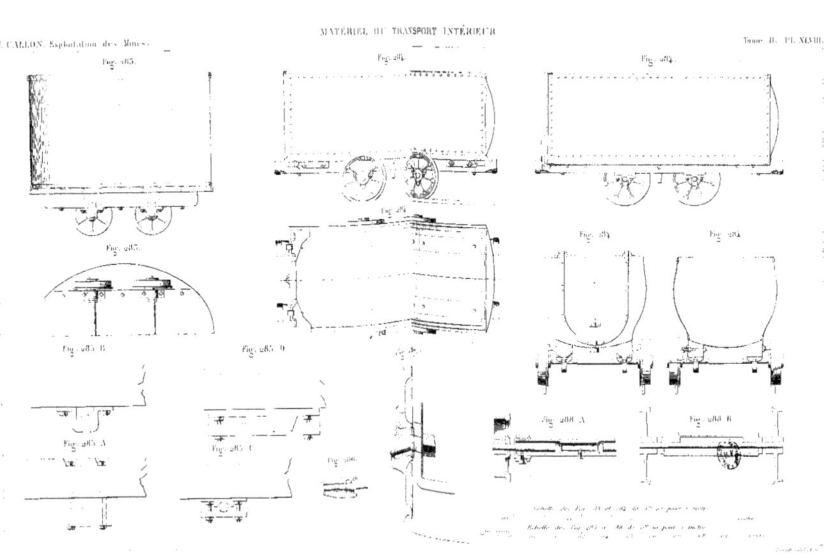

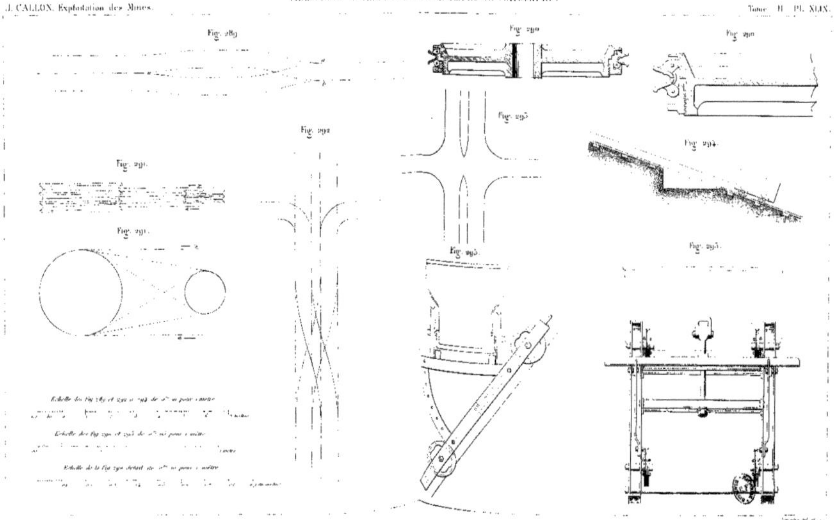

Fig. 289.

Fig. 290.

Fig. 296.

Fig. 291.

Fig. 292.

Fig. 294.

Fig. 293.

Fig. 295.

Fig. 297.

Échelle des fig. 289 et 291 et 292 de 0^m 02 pour 1 mètre.

Échelle des fig. 290 et 296 de 0^m 05 pour 1 mètre.

Échelle de la fig. 290 détail de 0^m 10 pour 1 mètre.

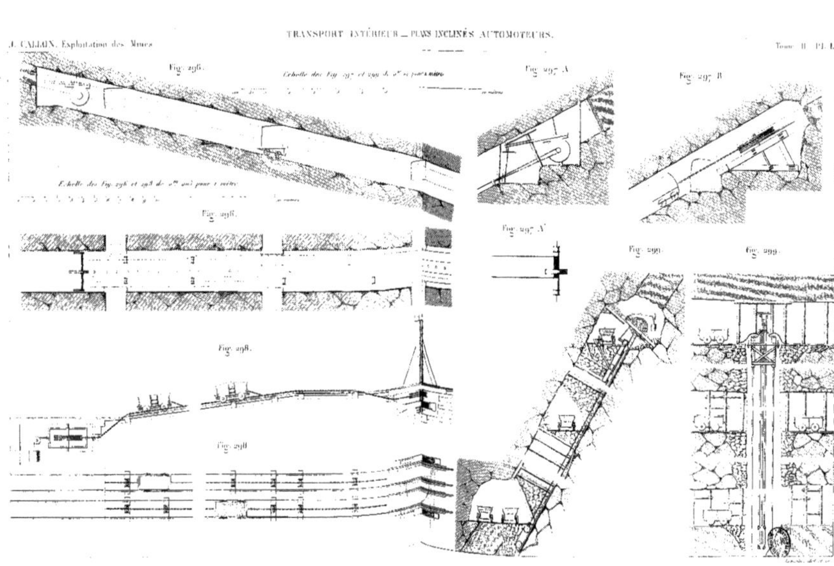

Fig. 296.

Echelle des Fig. 297 et 299 de 0ᵐ,02 par mètre

Fig. 297. A

Fig. 297. B

Echelle des Fig. 296 et 298 de 0ᵐ,001 pour 1 mètre

Fig. 296.

Fig. 297. A'

Fig. 298.

Fig. 299.

Fig. 299.

Fig. 298.

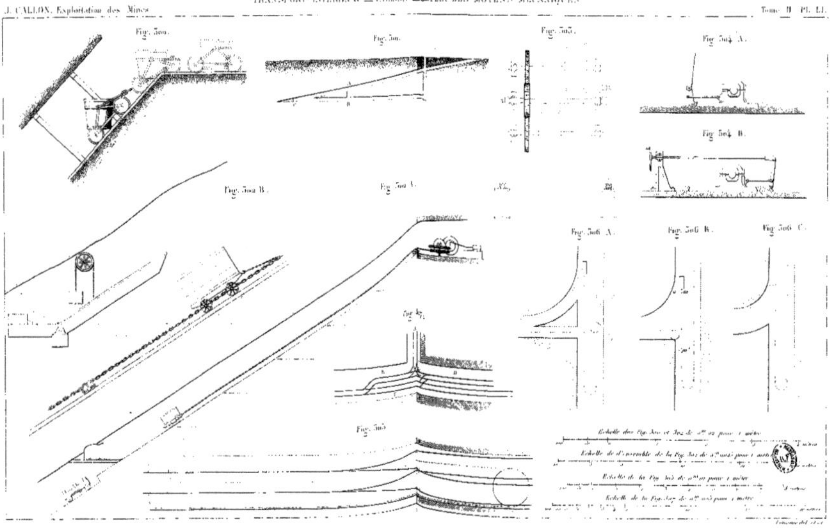

Fig. 500.
Fig. 501.
Fig. 503.
Fig. 504 A.
Fig. 504 B.
Fig. 502 B.
Fig. 502 A.
Fig. 506 A.
Fig. 506 B.
Fig. 506 C.
Fig. 507.
Fig. 505.
Échelle des Fig. 500 et 502 de 0,02 pour 1 mètre.
Échelle d'ensemble de la Fig. 502 de 0,005 pour 1 mètre.
Échelle de la Fig. 503 de 0,02 pour 1 mètre.
Échelle de la Fig. 507 de 0,005 pour 1 mètre.

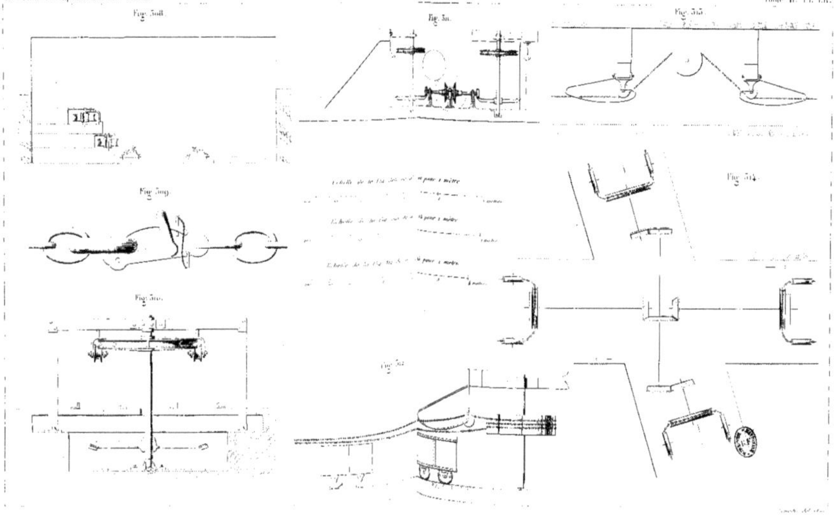

Fig. 508.
Fig. 511.
Fig. 513.
Fig. 509.
Fig. 510.
Fig. 514.
Fig. 512.

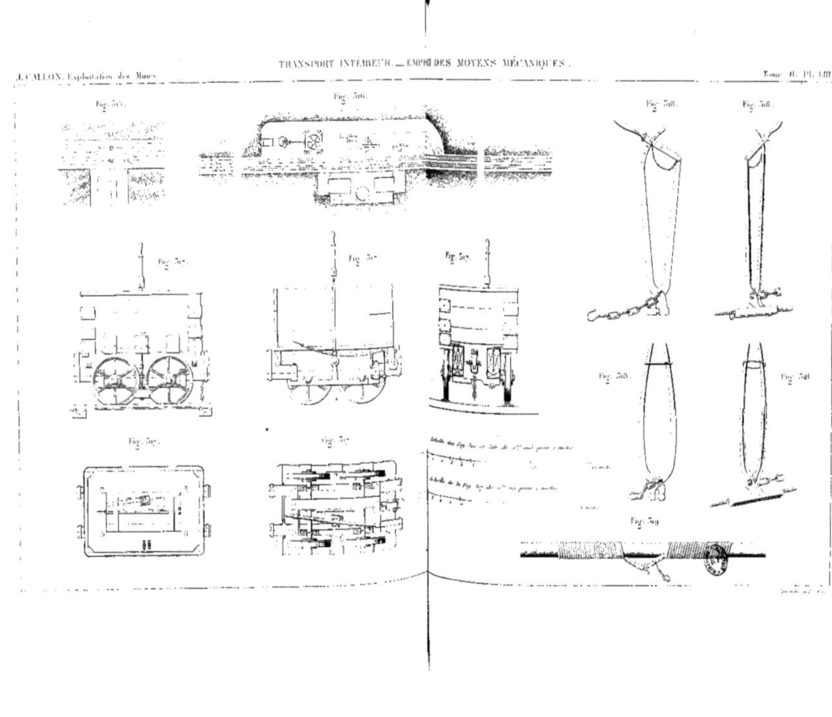

Fig. 565.
Fig. 566.
Fig. 567.
Fig. 568.
Fig. 569.

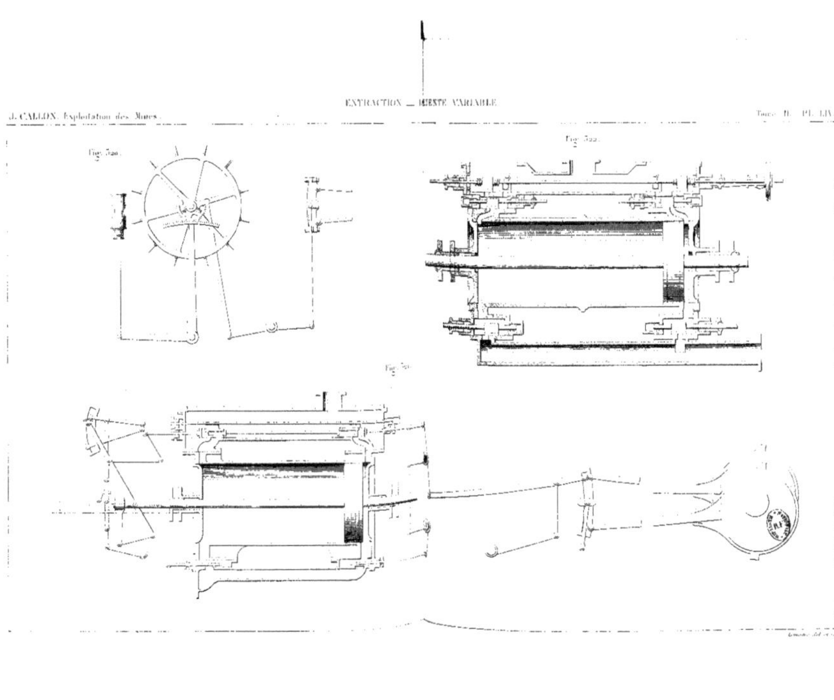

Fig. 520.
Fig. 522.
Fig. 521.

Fig. 525.

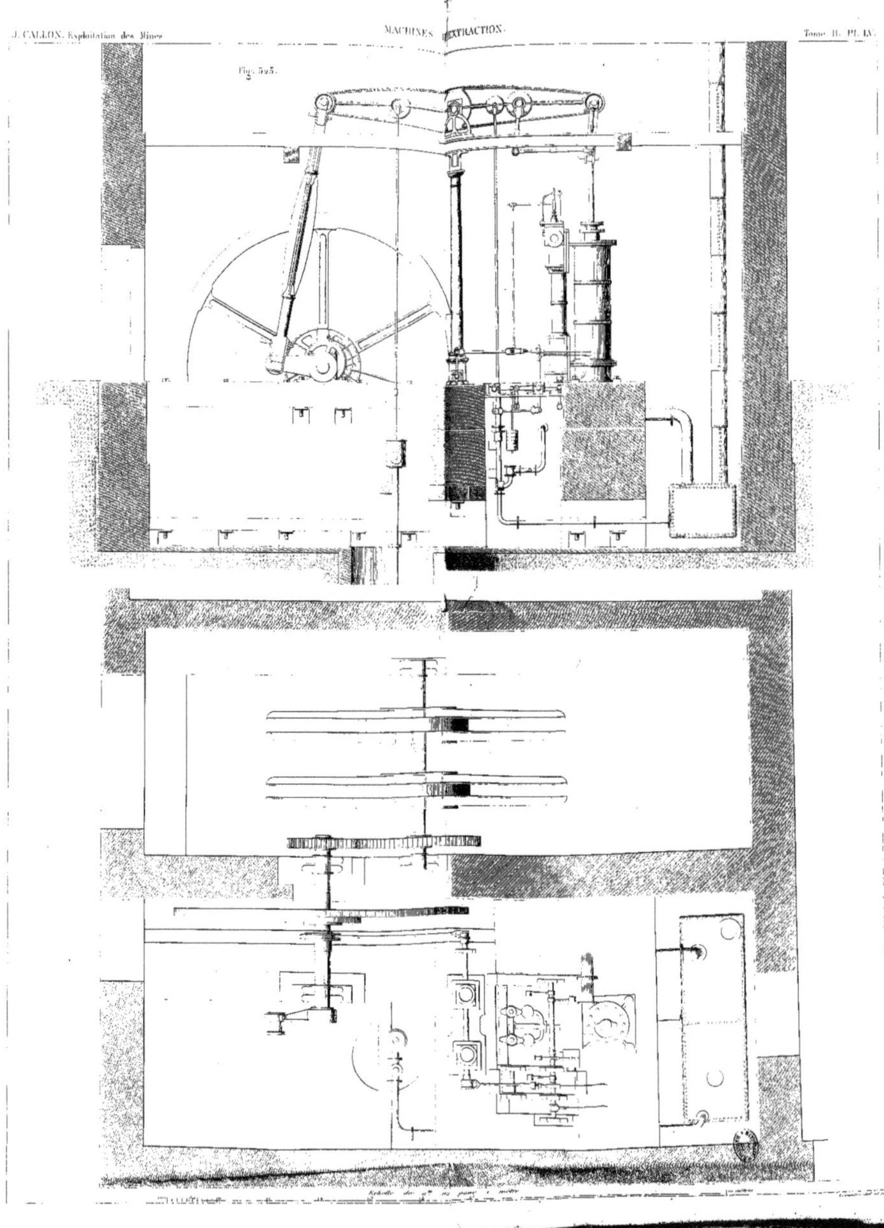

Fig. 34.

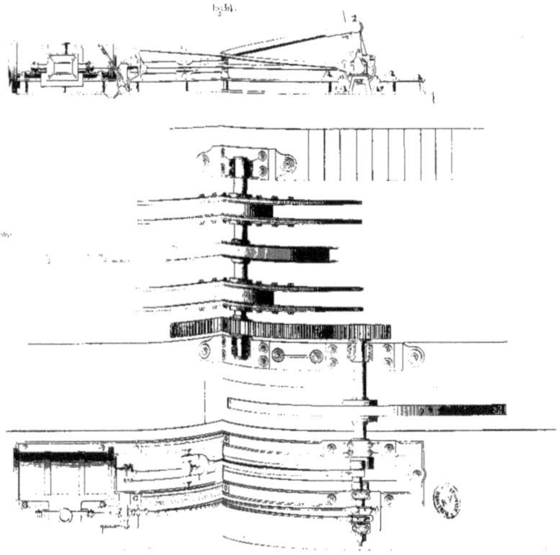

Fig. 525.

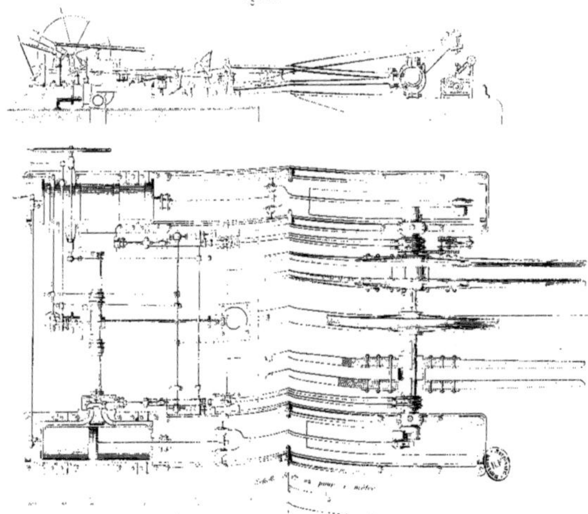

Fig. 546.

Fig. 546.

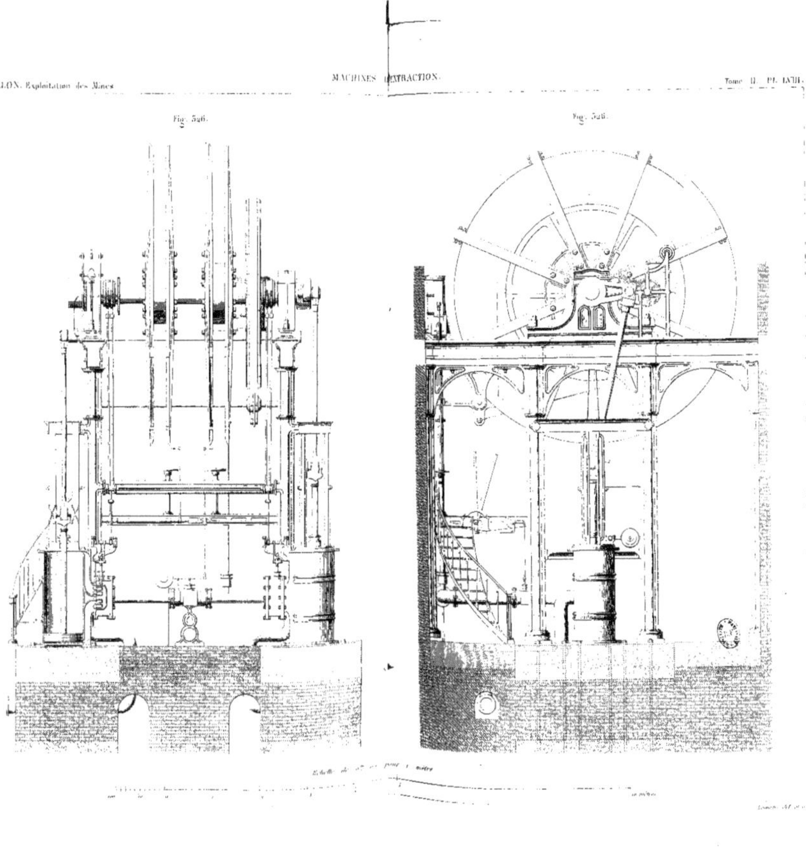

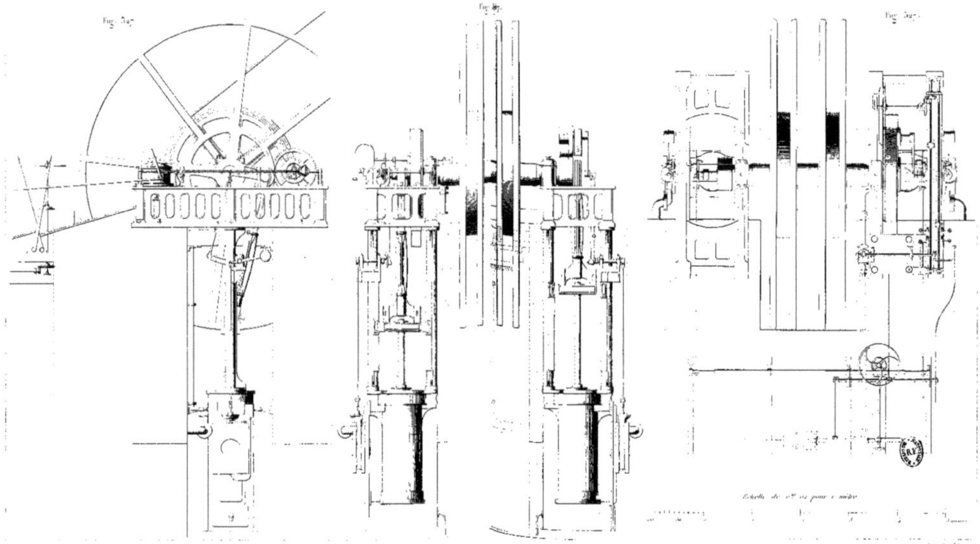

Fig. 547.

Fig. 548.

Fig. 549.

Échelle de 0^m 05 pour 1 mètre

Fig. 528 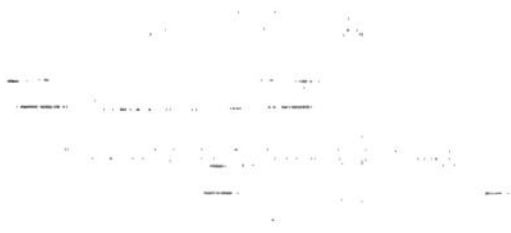
Fig. 529 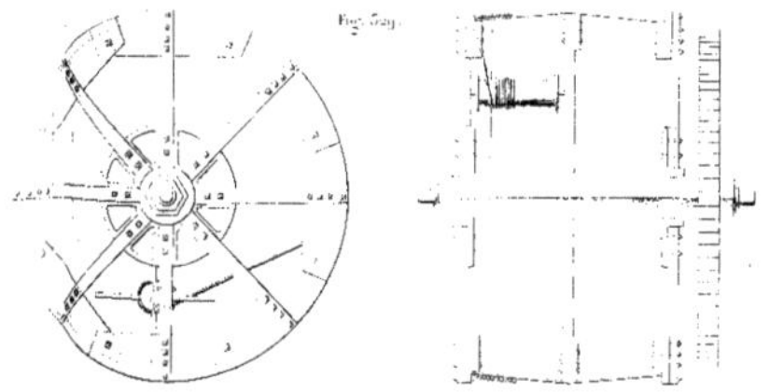
Détail A 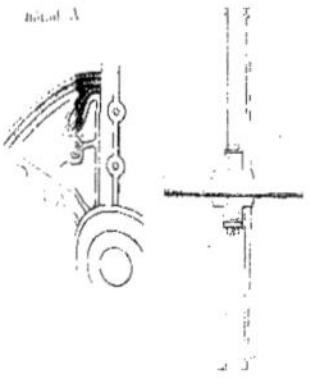
Fig. 530
Échelle de la Fig. 528 et 529 pour 1 mètre
Échelle des Fig. 530 et 531 de 0m 1 pour 1 mètre

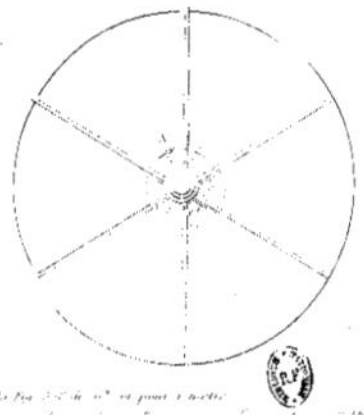

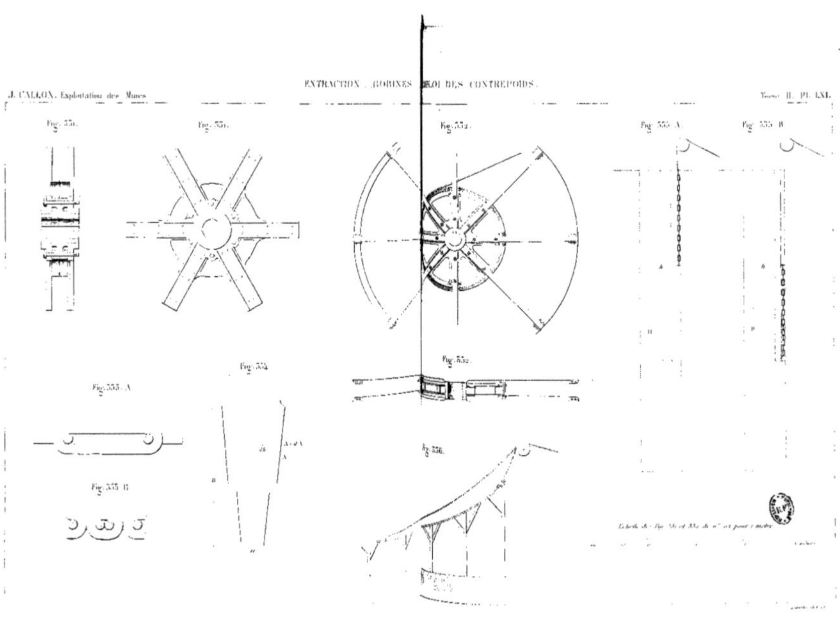

Fig. 550.

Fig. 551.

Fig. 552.

Fig. 553. A

Fig. 553. B

Fig. 553. A

Fig. 554.

Fig. 555. A

Fig. 555. B

Fig. 556.

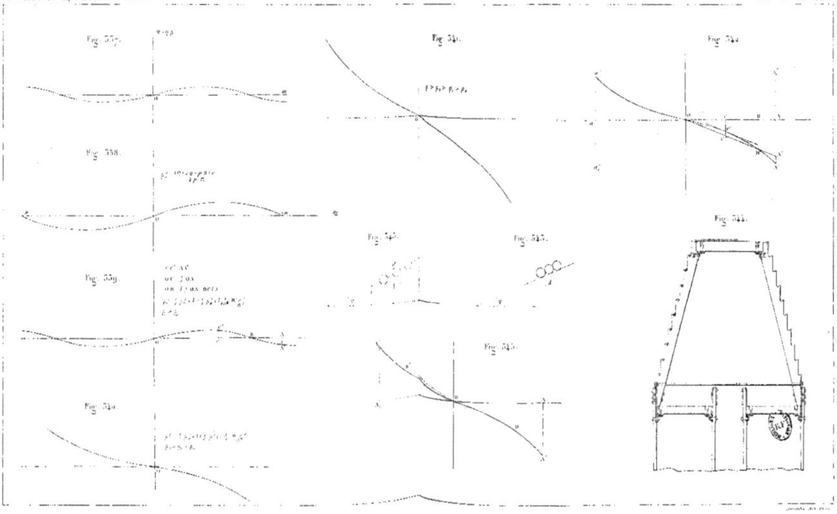

Fig. 337.

Fig. 341.

Fig. 344.

Fig. 338.

Fig. 339.

Fig. 342.

Fig. 343.

Fig. 345.

Fig. 340.

Fig. 346.

J. CALLON. Exploitation des Mines.

Tome II. Pl. LXIII.

Fig. 546.

Fig. 546.

Fig. 546.

Fig. 546.

Fig. 546.

Fig. 546.

Fig. 546.

Fig. 546.

Fig. 546.

Fig. 546.

Fig. 546.

Fig. 546.

Fig. 546.

Fig. 547.

Fig. 547.

Fig. 547.

Fig. 547.

Fig. 547.

Fig. 547.

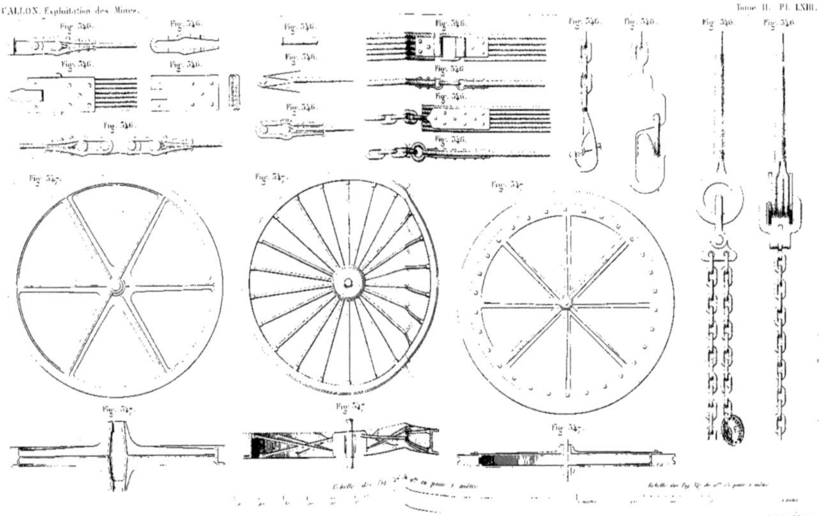

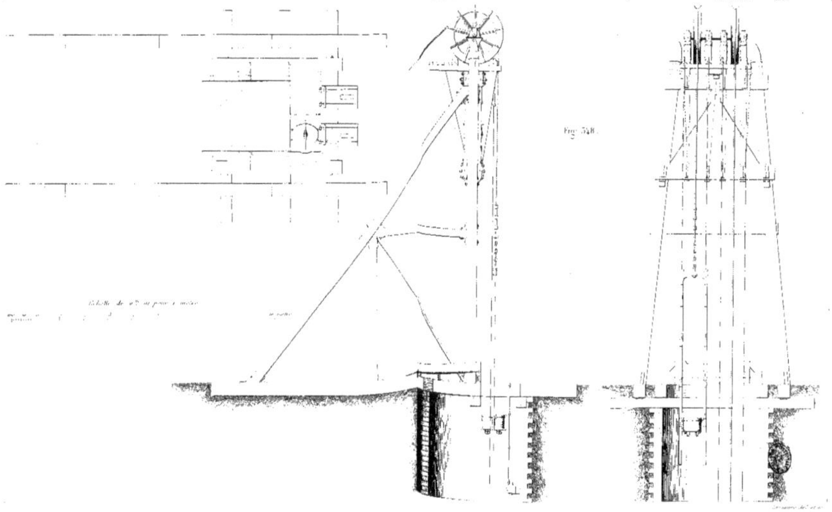

Fig. 548.

Échelle de 0,0... par mètre.

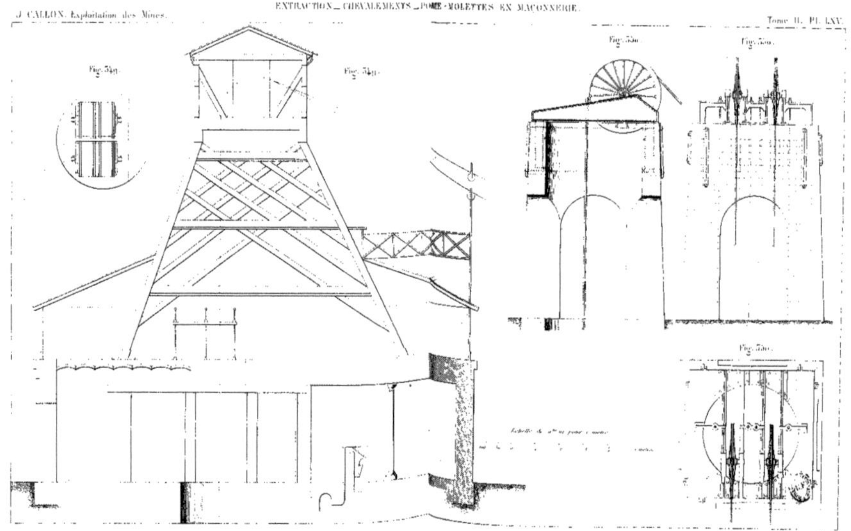
Fig. 549.
Fig. 548.
Fig. 550.
Fig. 551.
Fig. 552.

Fig. 531.

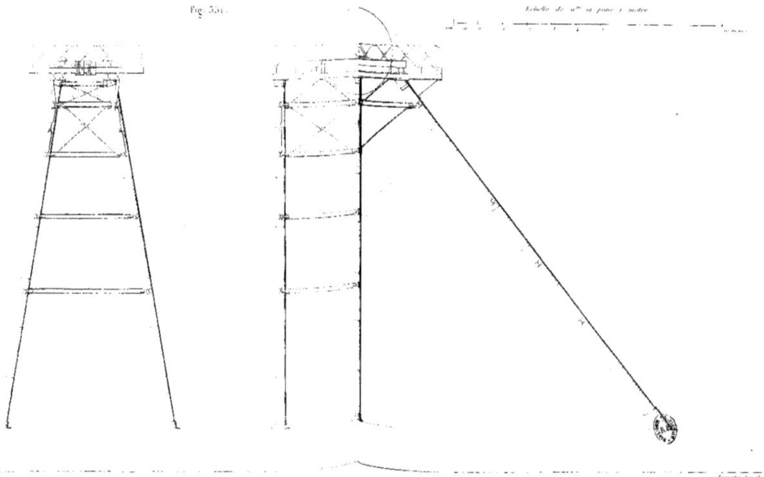

EXTRACTION. RECETTES EXTÉRIEURES.

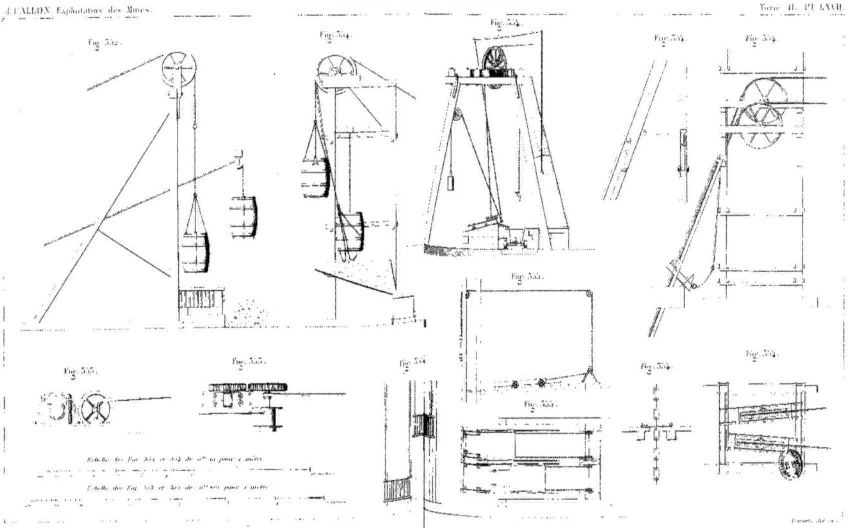

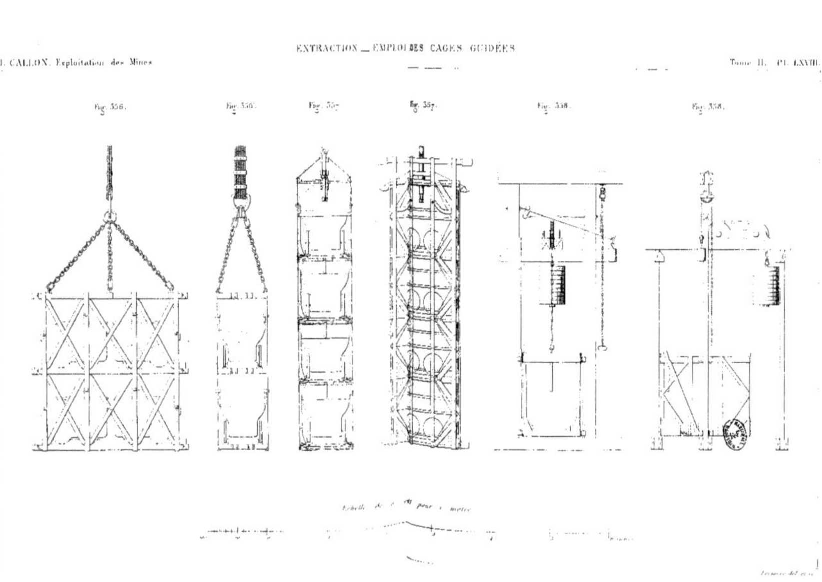
Fig. 355.
Fig. 356.
Fig. 357.
Fig. 357.
Fig. 358.
Fig. 358.
Échelle de 0,05 pour 1 mètre

EXTRACTION. — BALANCES. ACCROCHAGES. — CLICHAGES.

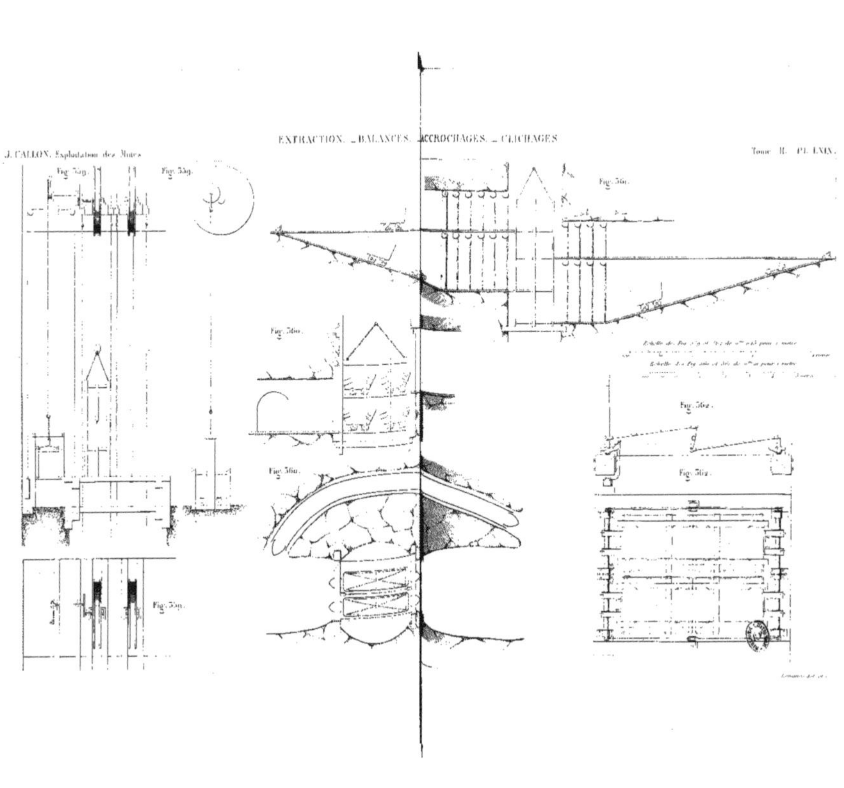

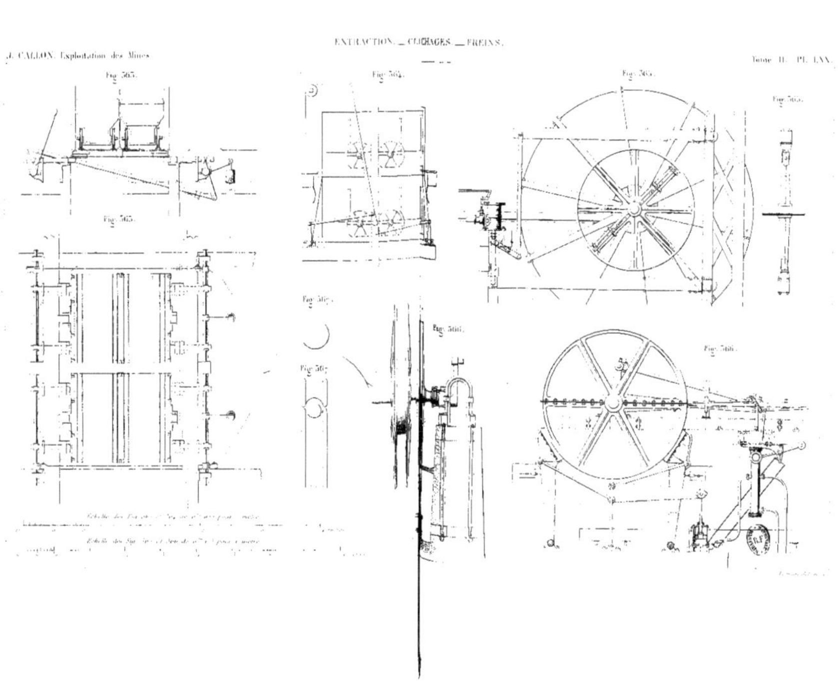
Fig. 563.
Fig. 564.
Fig. 565.
Fig. 566.
Fig. 567.
Fig. 568.
Fig. 569.
Fig. 570.
Échelle des Fig. 563 et 564, de 0,01 pour mètre.
Échelle des Fig. 565 et 566 de 0,02 pour mètre.

J. CALLON. Exploitation des Mines.

Tome II. Pl. LXXI.

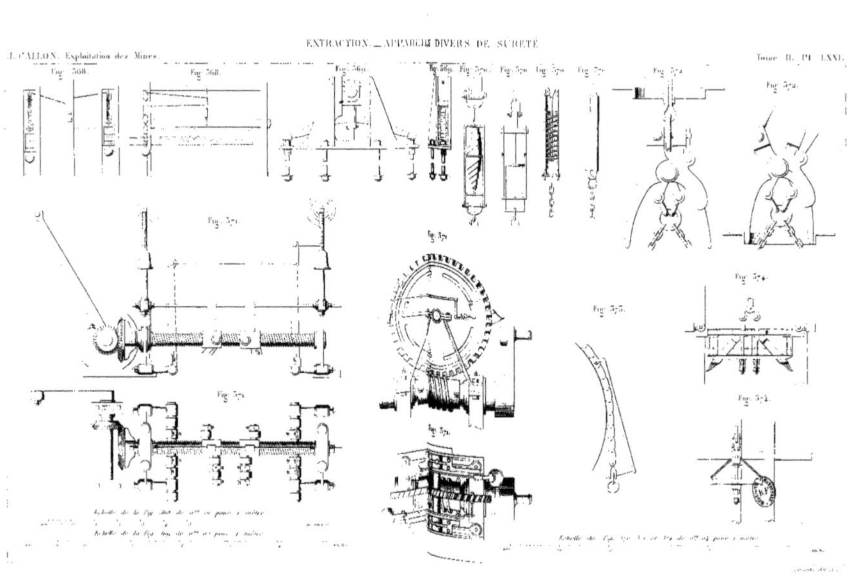

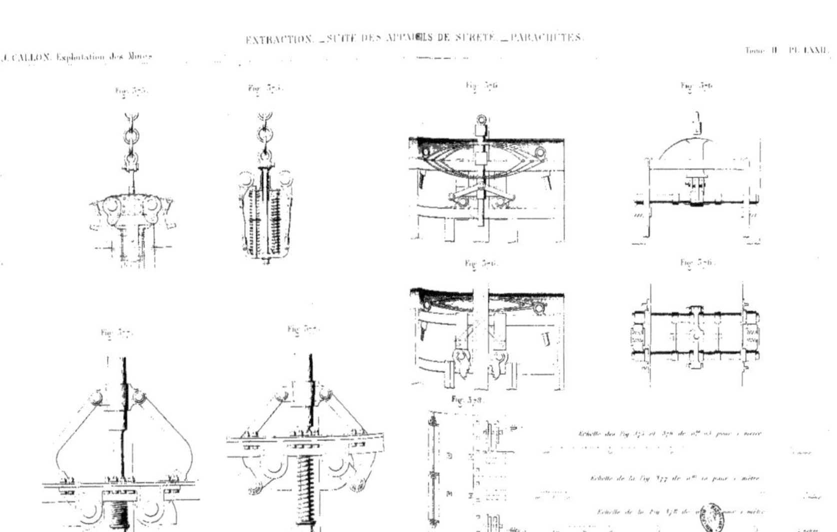

J. CALLON, Exploitation des Mines.

Fig. 579.

Fig. 579.

Fig. 580.

Fig. 581.

Fig. 581.

Fig. 581.

Fig. 582.

Fig. 582.

Fig. 582.

Fig. 583.

Fig. 584 A.

Fig. 584 B.

Fig. 585.

Échelle de la fig. 579 à 584 au pour 1 mètre.

Échelle de la fig. 585 au pour 1 mètre.

Lemercier & C.ie à Paris.

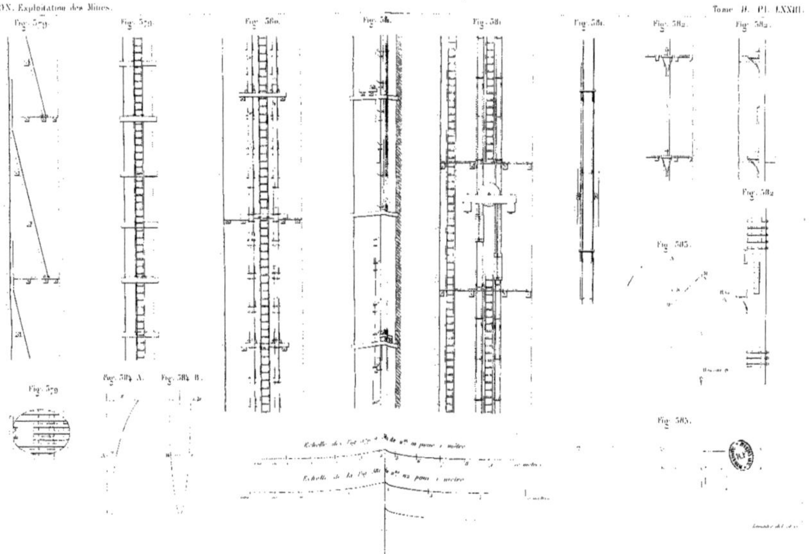

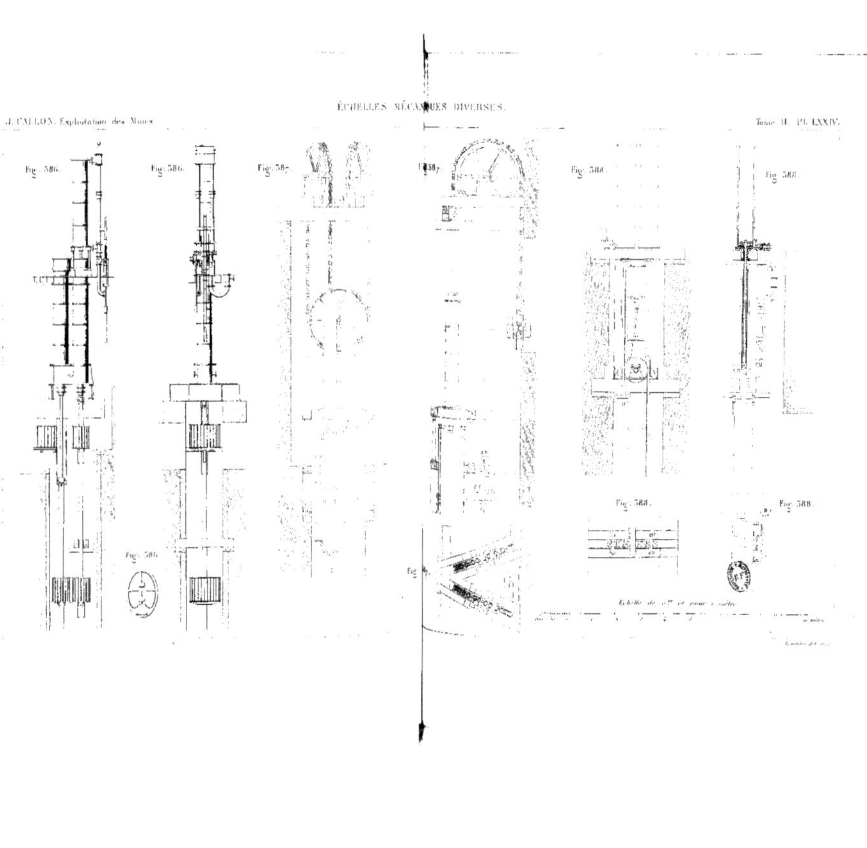
Fig. 586.
Fig. 586.
Fig. 586.
Fig. 587.
Fig. 587.
Fig. 588.
Fig. 588.
Fig. 588.
Fig. 588.
Échelle de 0ᵐ et pour mètre

ASSÈCHEMENT DES MINES. _ AFFAISSEMENTS PRODUITS PAR LES TRAVAUX SOUTERRAINS.

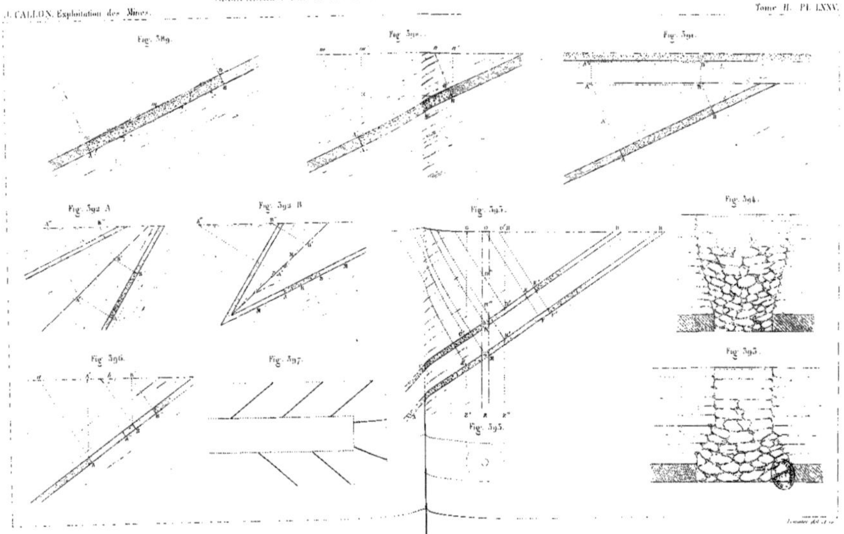
Fig. 389.
Fig. 390.
Fig. 391.
Fig. 392 A
Fig. 392 B
Fig. 393.
Fig. 394.
Fig. 395.
Fig. 396.
Fig. 397.

J. CALLON. Exploitation des Mines.

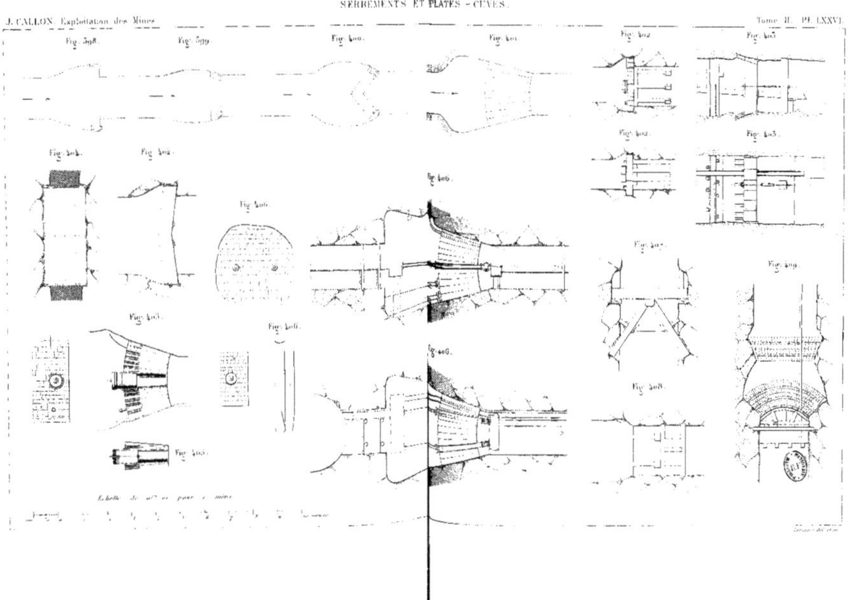

J. CALLON. Exploitation des Mines — Tome II. Pl. LXXVII.

ASSÈCHEMENT DES MINES. _ POMPES À BRAS. _ TIRANTS. _ BENNES À EAU.

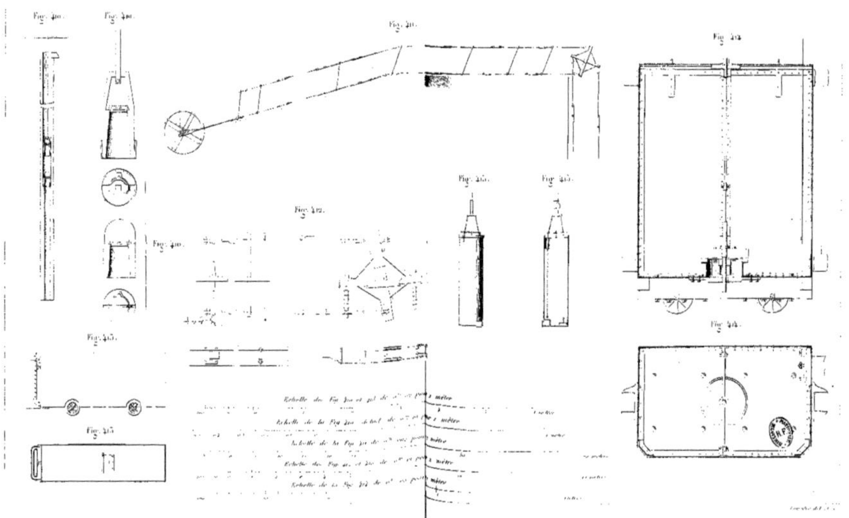

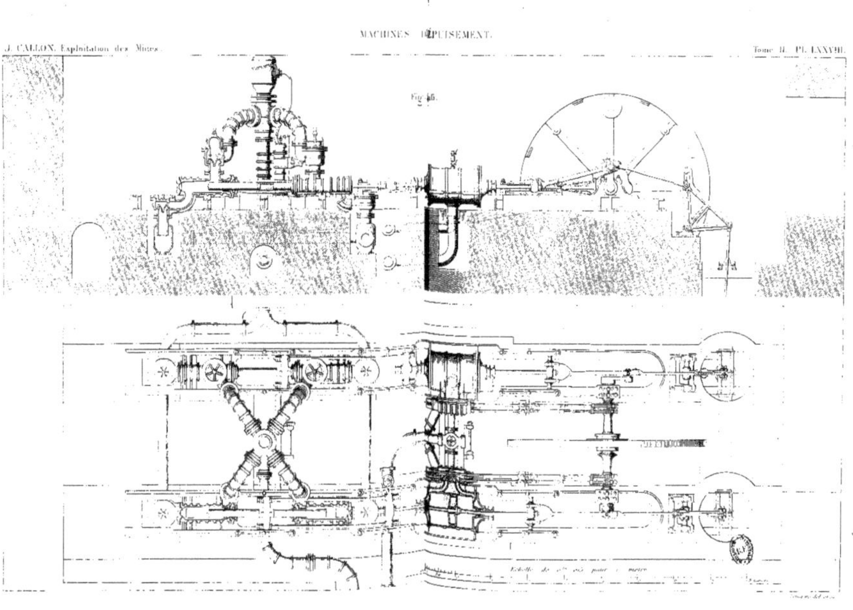
Fig. 46.
Échelle de 0m,05 pour 1 mètre.

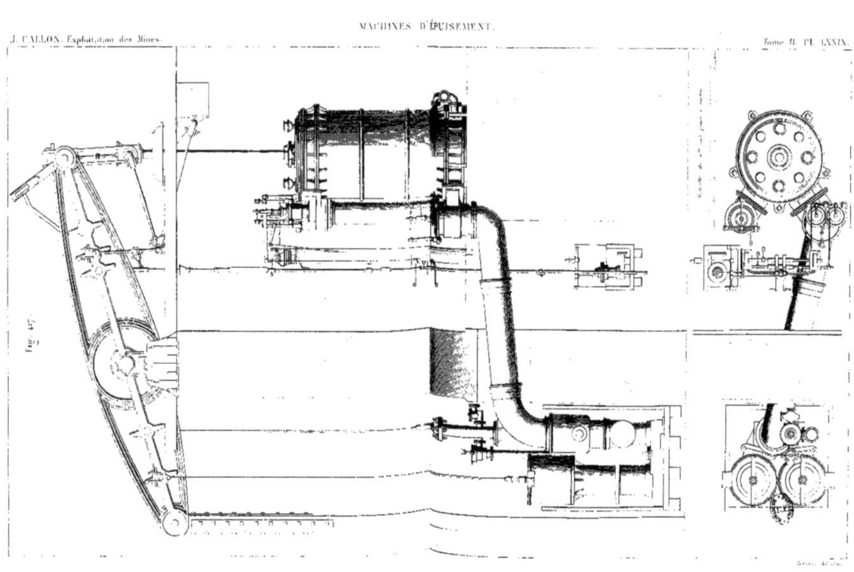

Fig. 45.

J. CALLON. Exploitation des Mines.

Tome II. Pl. LXXX.

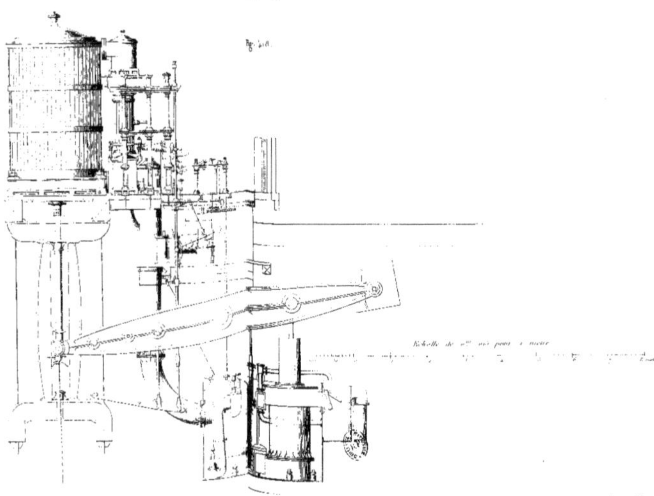

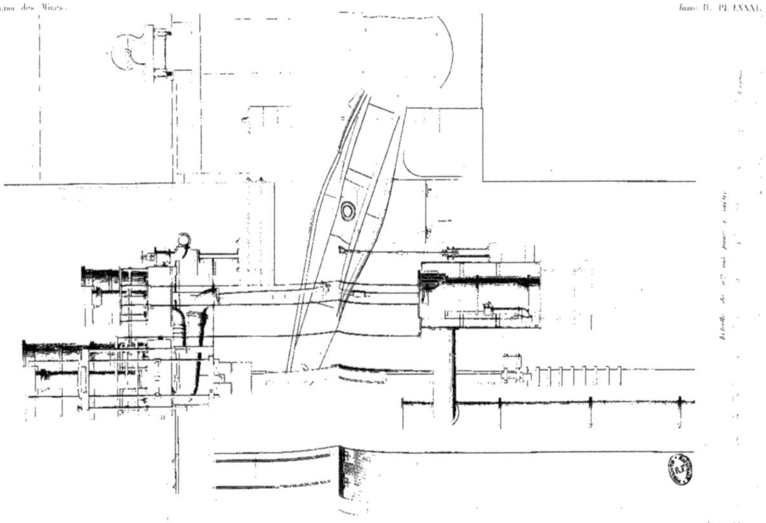

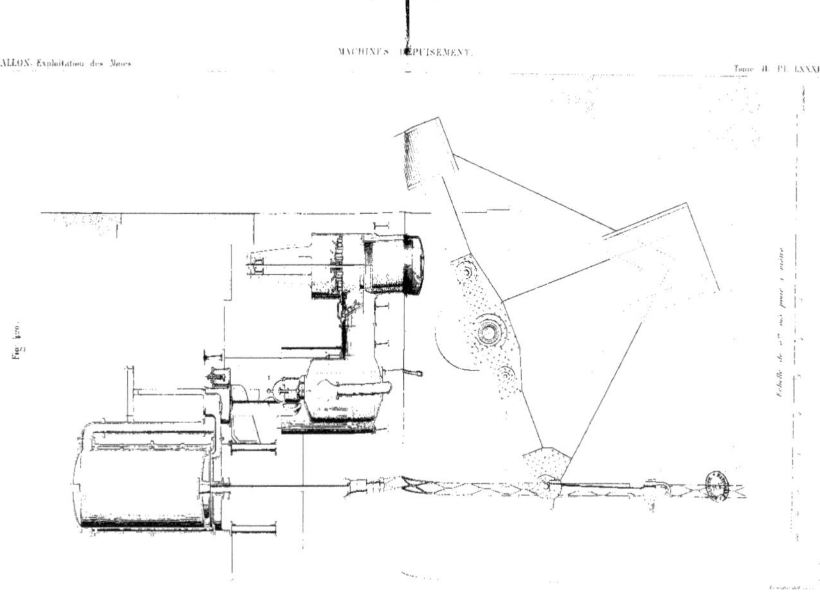

Fig. 420.
Échelle de 1m 00 pour 1 mètre

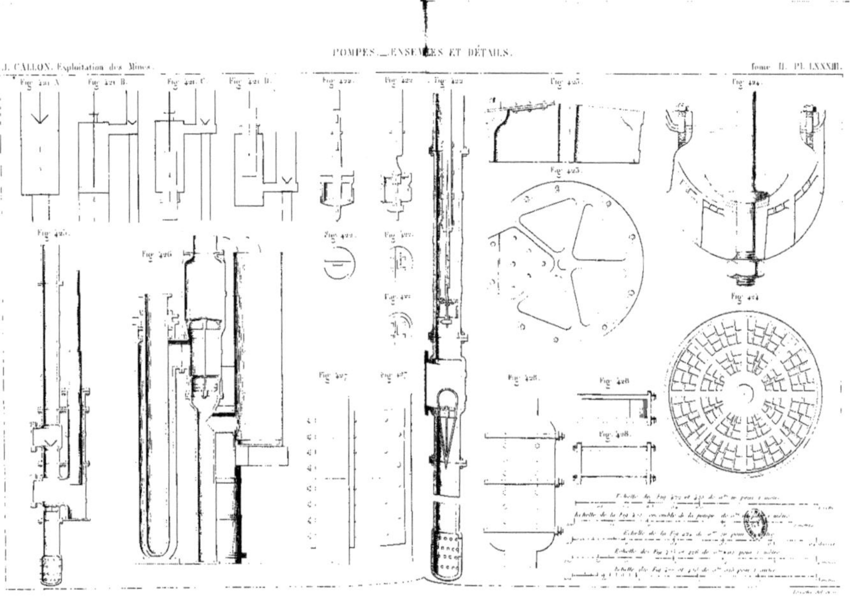
Fig. 421 A.
Fig. 421 B.
Fig. 421 C.
Fig. 421 D.
Fig. 422.
Fig. 423.
Fig. 423.
Fig. 425.
Fig. 424.
Fig. 425.
Fig. 421.
Fig. 426.
Fig. 422.
Fig. 427.
Fig. 424.
Fig. 427.
Fig. 427.
Fig. 428.
Fig. 428.
Fig. 428.

Fig. 429.
Fig. 430.
Fig. 431.
Fig. 452.
Fig. 453.
Fig. 454.
Fig. 455.
Fig. 456.
Échelle des Fig. 429, 430 et 431 de 0,01 pour 1 mètre.
Échelle de la Fig. 452 de 0,01 pour 1 mètre.
Échelle de la Fig. 453 de 0,01 pour 1 mètre.
Échelle de la Fig. 454 de 0,01 pour 1 mètre.
Échelle de la Fig. 455 de 0,01 pour 1 mètre.

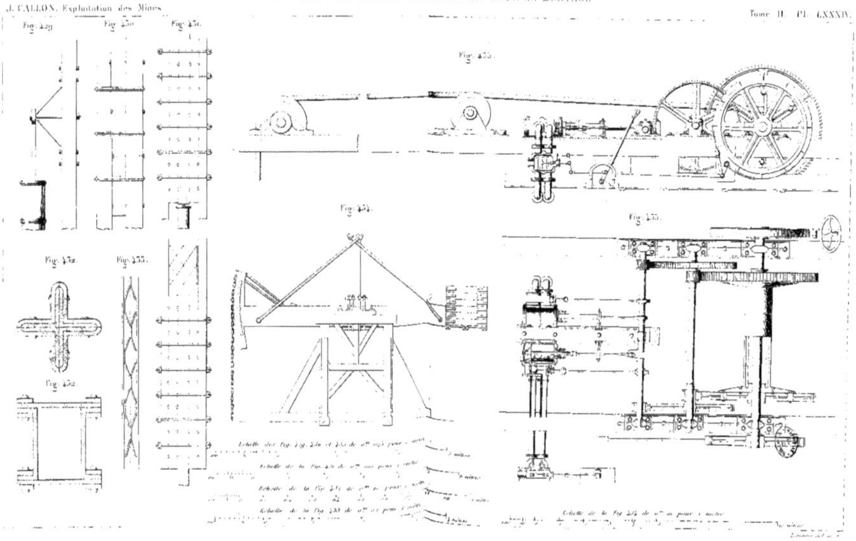

Fig. 156.

Fig. 156.

Fig. 157.

Fig. 157.

Fig. 158.

Fig. 159.

Fig. 159.

Fig. 159.

Fig. 159.

Fig. 159.

Fig. 159.

Échelle de la Fig. 156 de 0.^m 05 pour 1 mètre.

Échelle des Fig. 157 et 158 de 0^m 05 pour 1 mètre.

Échelle de la Fig. 159 de 0^m 05 pour 1 mètre.

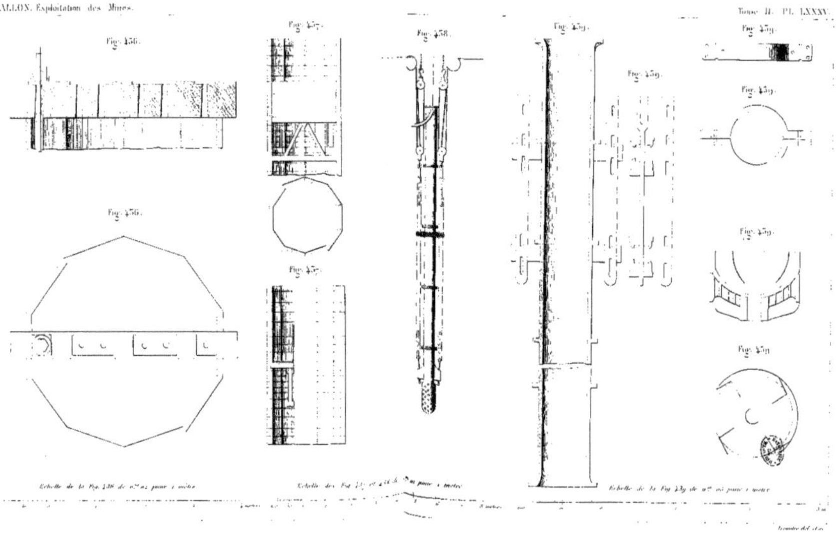

Fig. 440.

Fig. 445.

Fig. 444.

Fig. 443.

Fig. 442.

Fig. 441.

Fig. 446.

Fig. 447.

Fig. 448.

Fig. 449.

Échelle de la Fig. 447 de 0ᵐ,01 par mètre.

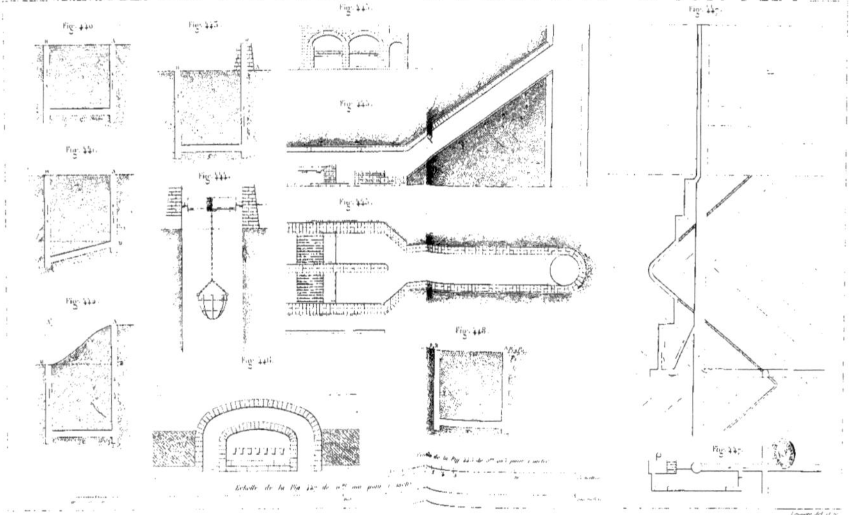

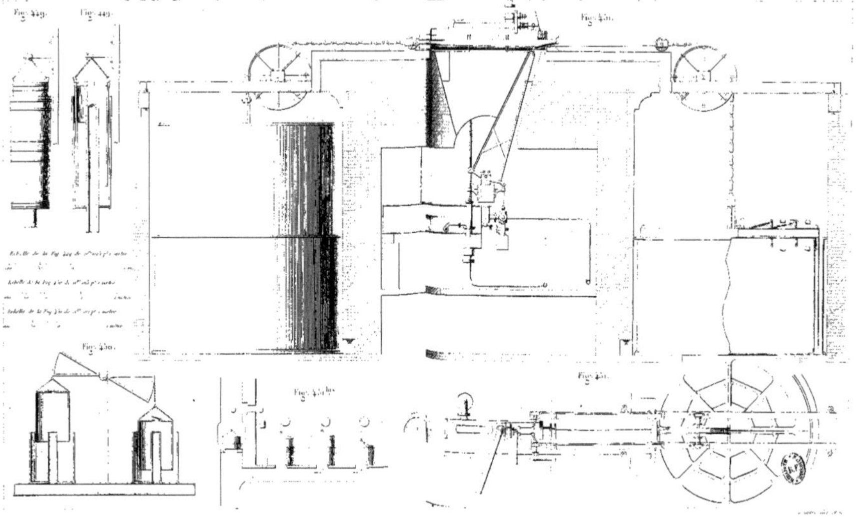

Fig. 448.

Fig. 449.

Fig. 451.

Échelle de la Fig. 449 de 1me soit ½ mètre.

Échelle de la Fig. 450 de 1me soit p^r 1 mètre.

Échelle de la Fig. 451 de 1me soit p^r 1 mètre.

Fig. 450.

Fig. 451 bis.

Fig. 452.

MACHINES D'AÉRAGE

J. CALLON. Exploitation des Mines.
Tome II. Pl. LXXXVIII.

Fig. 462.

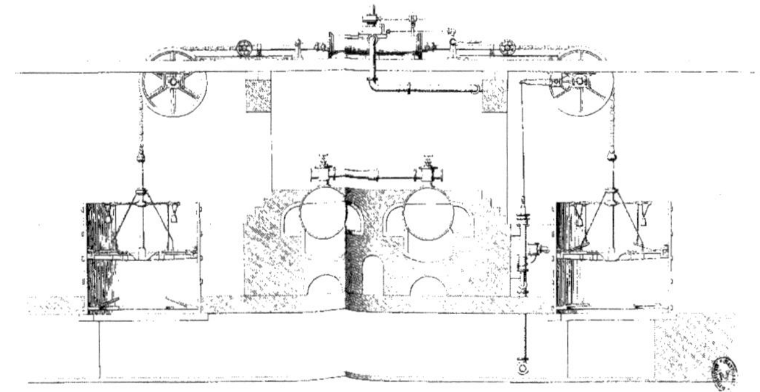

J. CALLON Exploitation des Mines.   Tome II. Pl. LXXXIX.

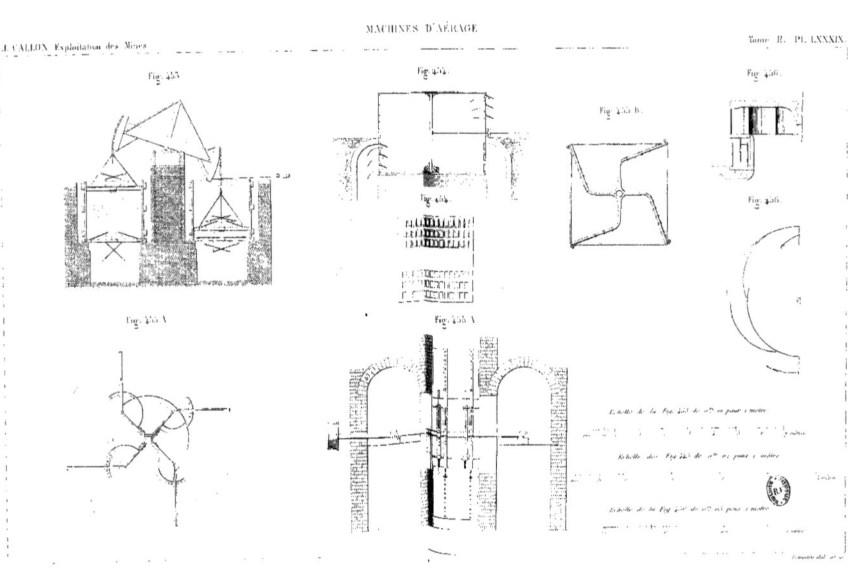

Fig. 453.

Fig. 454.

Fig. 453 b.

Fig. 456.

Fig. 454.

Fig. 455.

Fig. 453 A.

Fig. 455 A.

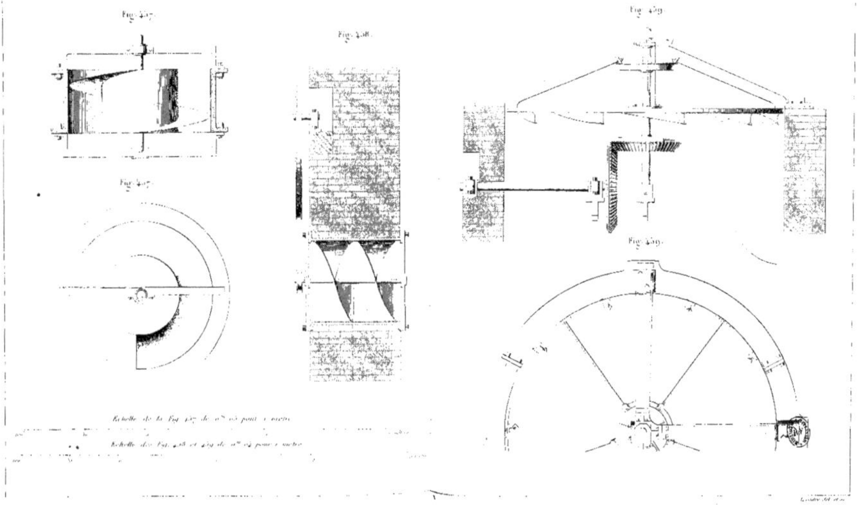

Fig. 457.

Fig. 458.

Fig. 459.

Fig. 457.

Fig. 459.

Échelle de la Fig. 457 de 0,00 pour 1 mètre.

Échelle des Fig. 458 et 459 de 0,00 pour 1 mètre.

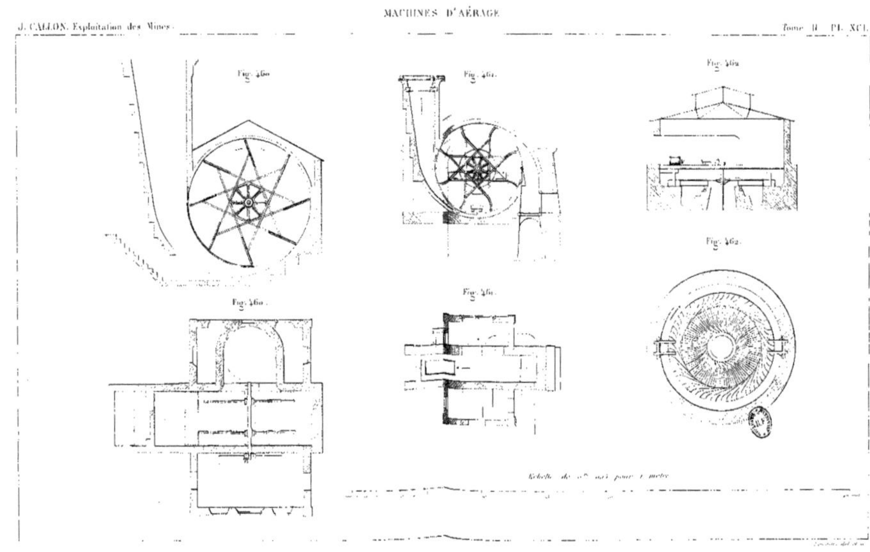

Fig. 460.
Fig. 461.
Fig. 464.
Fig. 462.
Fig. 463.
Échelle de 0m,025 pour 1 mètre.

J. CALLON, Exploitation des Mines.   Tome II. PLANCHE.

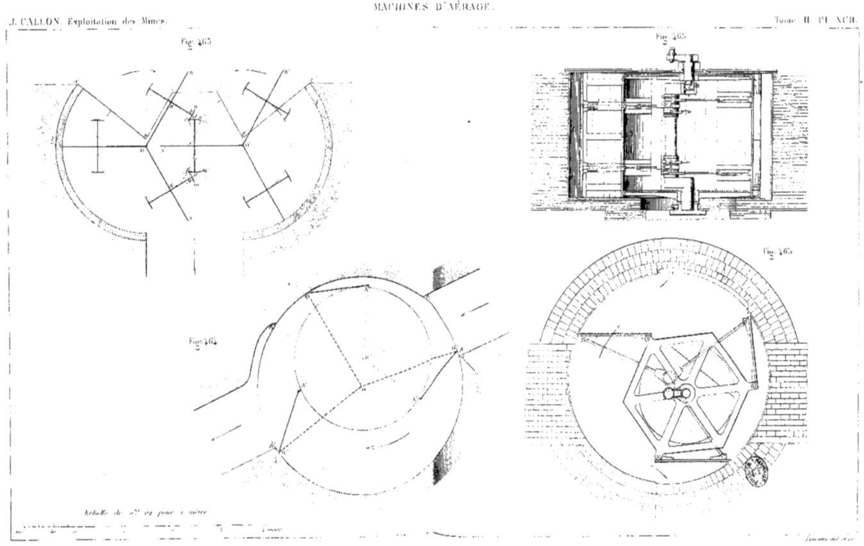

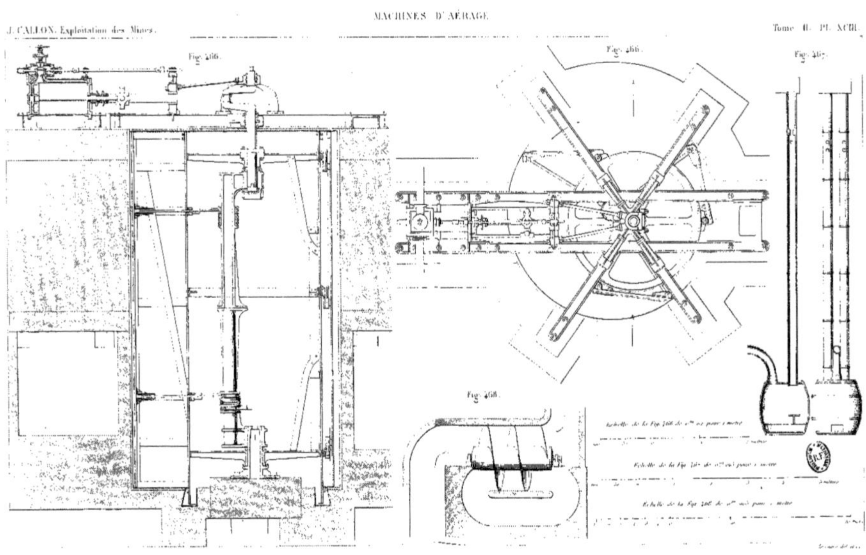

Fig. 465.
Fig. 466.
Fig. 467.
Fig. 468.
Échelle de la Fig. 466 de 0m.005 par mètre
Échelle de la Fig. 465 de 0m.005 par mètre
Échelle de la Fig. 468 de 0m.005 par mètre

DISTRIBUTION DU COURANT D'AIR. — ÉCLAIRAGE

J. CALLON Exploitation des Mines. Tome II. Pl. XLIV.

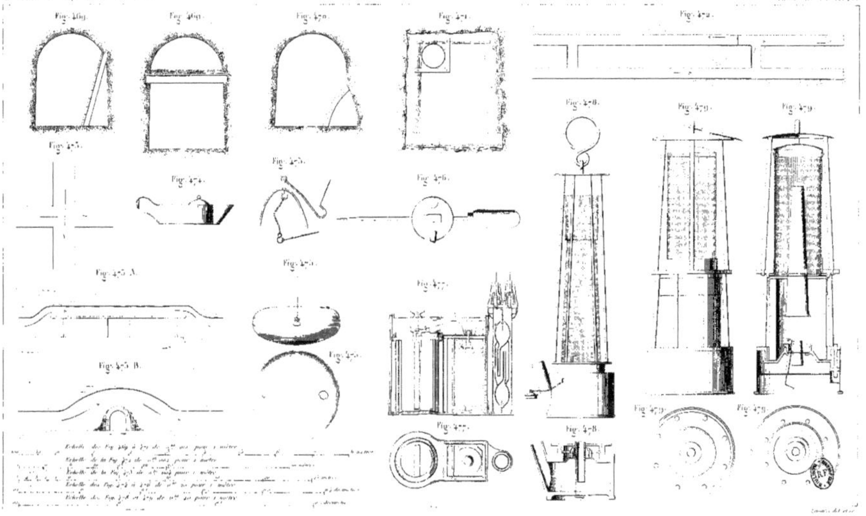
Fig. 469.
Fig. 469.
Fig. 470.
Fig. 471.
Fig. 472.
Fig. 473.
Fig. 474.
Fig. 475.
Fig. 476.
Fig. 478.
Fig. 479.
Fig. 479.
Fig. 475 A.
Fig. 475 B.
Fig. 477.
Fig. 478.